会いに行く味

道南地方のお菓子をめぐる
出会いの旅

tacaë

4

甘いものは嫌いじゃないけど、
自分のために買うことはなかった。
お土産にしても、
駅の売店で目に付いたものを
慌ただしくレジに持って行くのが、
いつものパターン。

たまに、誰かが出張先で買ってきたお菓子が、
職場のデスクの上に置かれていることがある。
そのお菓子をいただく時、
どんな人が、どんな風に作ってるのかなんて、
考えたこともなかった。

そんな私が、お菓子をめぐる旅をした。

心が惹かれるままに
広い空の下を
緑の中を
海沿いの道を
すこしゆるやかに感じる時間の中を
時には、歴史を遡って…。

そこには、また会いに行きたくなる人、お菓子、
たくさんの出会いがあった。

奇跡みたいな瞬間

ミントブルーの風が吹く

たどりつけない場所

海上桟橋の見える海

夜へと向かう

そこから何が見えるんだろう

植えられた桜の木々

奇跡みたいな瞬間

思いがけない出会いは、

いつも行動の先にある。

幼馴染みのしおりちゃんに会いに、
愛車で室蘭へ向かう。

お互いに東京で就職したけど、
彼女は結婚して、今は室蘭に住んでいるのだ。
札幌に転勤してきたばかりの私に、
北海道での暮らしのアドバイスを色々してくれる心強い友達だ。
よくメールはし合っているけど、会うのは何年ぶりだろうな。

「久しぶり!!」

しおりちゃんの笑顔に、私も自然と顔がほころぶ。

「こっちの生活には、慣れた？」

「やっと、落ち着いたとこ」

空は高く澄み渡り、吹く風は爽やかだ。

「気持ちいいね」

「うん。これから、もっといい季節だよ」

駐車場、ふたりで空を見上げる。

なんか不思議な感じ。

「べこ餅、食べたことある？」

えっ？ べこ餅？

「…ない」

「だと思った。来たら一緒に行こうって思ってたんだよね」

お菓子の竹屋　室蘭市

室蘭市御崎町２の14の４
電話 0143-22-3381　　営業時間 8:00 ～ 18:30（水曜定休）

「うるち米を挽《ひ》いて粉にして、
ヨモギは採りに行って。
家庭で作っていた昔ながらのべこ餅なの」

このお店の開店は、朝８時。

職人さんは、４時には起きてお菓子作りをしている。

べこ餅を米から挽いて作るというお店も少なくなっているそうだ。

「べこ餅、大福、串団子なんかは、朝生《あさなま》って言って、その日売るものを朝早くから作ります」

「ああ！　『本日中にお食べ下さい』って、書いてあるのが、

そうなんですね」

「そう。防腐剤入れてないからね。

冷蔵庫に入れたら、次の日までは大丈夫。固くなるけど」

素材にはかなりこだわっている。

「米って、産地や種類で違うの、味が。だから、職人さんはお菓子によって使うお米の産地を変えている。でんぷんも、北海道のここっていうものだけ。最近は、でんぷんがついていない大福も売ってるけど、でんぷんと米、小豆と３つ揃わないとうちの餅にはならない」

　でんぷんは、餅がくっつかないようにだけ使ってると思っていた。

　むしろ、でんぷんを落として食べてたかも。

「うちのは、そのまま食べてみて」

「はい！」

　車の中で、早速包みを開ける。

　木の葉型に作られたよもぎと黒糖２種類のべこ餅。

　笹の葉の香りがほんのりとする。

「どっちから食べるか迷うねえー」と言いつつ、

　しおりちゃんが黒糖に手を伸ばす。

　じゃあ、私はよもぎからいただこう。

　これがべこ餅か……まじまじと見てしまう。

「どうして、べこ餅っていうの？」

「牛のこと、べこって呼ぶんだよね。この２色の感じが牛の模様に似てるからって聞いたことがあるけど。黒糖だけのも見たことあるし、どうなんだろうね？」

　どうなんだろうって……どうなのよ？

　べこ餅は、道南のお菓子って言ってたな。

　今思えば、

　これが私のお菓子の旅の始まりだった。

お菓子の富留屋　室蘭市

室蘭市中央町２の９の４

電話 0143-22-5455　　営業時間 月～土 8:00 ～ 19:00、祝 8:30 ～ 18:00（日曜不定休）

「昔のことは、
お客様に聞いた方がわかるんです」

「ロングセラーのバター煎餅があるよ」としおりちゃんに教えてもらった。

甘い香り漂う店内。

「今、奥の工房でバター煎餅を焼いてるんです」

創業明治31年、室蘭で一番古いお菓子屋さん。

和菓子、ケーキ、パイ、プリン、焼き菓子など50種類以上のお菓子が並んでいる。

初代が中国のお菓子に興味を持っていたようで、月餅や百蜜《パインミー》というラー油や一味、牡蠣油、豆板醤という味の想像がしづらい珍しいお煎餅がある。ピリッとした辛味がビールのつまみにも合うと、室蘭に来るとまとめ買いして行く人もいるそうだ。

どんな味がするんだろ、食べてみようかな。

卵を材料にして、室蘭と語呂合わせで誕生した「たまらん」、昆布を蜜で煮たというお菓子「蝦夷の花」、和三盆糖のプチ菓子「紋章むろらん」。

サホロ産の小豆が入った焼き菓子「あずき花」は、バター煎餅と並ぶ人気商品なんだとか。

遊び心溢れバラエティーに富んだお菓子たち。

お客さんを楽しませようとする職人さんの気持ちが伝わって来る。

２代目は胆振管内で初めて、今でいうイートインコーナーを作った人だそうだ。

焼き菓子の並ぶ中、控えめに置いてあったウニ煎餅を手に取る。

お土産にウケそう。

バター煎餅より薄くて少し小さめかな。３代目の考案らしい。

「礼文島船泊漁協の蒸しウニをそのまま乗せて焼いてます。
だからどうしても値が張るんです」

値段を見ると30枚3240円!!

バラ売りはしてないんだ。

…そっと棚に戻した私。

だけど、気になるなあ。

稲嘉屋　室蘭市

室蘭市日の出町３の４の１

電話 0143-43-1956　　営業時間 10:00 ～ 17:00（日曜日休み）

「美味しいものには、
美味しく食べるための時間があるんです」

秋は、新蕎麦‼

しおりちゃんとお蕎麦を食べに来た。

「ここね、お蕎麦も美味しいけど、和菓子も美味しいんだよ」

扉を開けるとすぐに和菓子の並ぶショーケースがあり、

可愛いかえるの置物が迎えてくれる。

無事帰るという願いをモチーフとした「かえる最中」。

なんだか縁起が良さそう。

「江戸時代には、菓子屋がお蕎麦を作ってたんだから。

その名残がセイロ。セイロって、お菓子を蒸すものでしょ」

言われて、そうかと気づく。

今まで「セイロ」って名前に疑問を持ったことなかった。

　季節に合わせてアップルパイやカボチャパイ、プリン、冷やし中華やうどんなども作っている。運が良ければ、お店でも買えるらしい。

　パイも蕎麦も餅も理屈は同じなんだとか。

「餅は、のし棒、蕎麦は打ち棒を使うでしょ。

　職人だから、何でも作れるよ」

　ネギもわさびも入れずに食べて欲しいというお蕎麦を、つゆだけでいただく。

　なるほどね。蕎麦の香りも味もしっかり味わえるんだな。

　会計をしながら、かえる最中をふたつ注文するしおりちゃん。

　ケースから出てくるのかと思ったら、注文してはじめて求肥の入った餡を詰めてくれるシステムらしい。

「最中に餡を詰めて、３時間が旬。

　それか、一日置いて皮と餡が馴染んでから食べるのも最高だよ」

　出来立ての最中、翌日の最中、どちらも気になる。

　もうひとつ買って、二度味わいを楽しんでみようかな。

わかさ屋菓子舗　登別市

登別市富士町１の３の１

電話 0143-85-2670　　営業時間 8:00 ～ 19:00（年中無休 臨時休業あり）

「職人魂がなくっちゃね」

手焼きいもの幟に惹かれて、お店に入ってみた。

手焼きいもって、焼き芋?…では、なかった。

なんか見たことあるお菓子だなって思ったら、

お土産でもいただいたことのある「わかさいも」に似ている。

わかさ屋さんとわかさいも本舗は、親戚筋に当たるらしい。

でも、経営は全然別。

ここは、60年の間、ご夫婦で完全手作りだそう。

「こだわって、餡練りからやってるからね。

作ったものをうまいって言ってもらえれば、それでいい。

食べて、ニコってしてもらえたら、それが醍醐味。

それに喜びを感じなくなったら、職人でなくなっちゃう。

味に自信がないとこんなに続いてないよ」と、ご主人。

イベントでよそへ出店することもあるが、せっかく来てもらったのに休みだと申し訳ないと、年中無休で営業してる。

仲良しのご夫婦だ。

「手焼きいも」は、芋餡を皮で包んで焼いたもの。
「いもてん」は、「手焼きいも」をあげたもの。
「あんどうなつ」は、手焼きいもの餡を使っている。芋餡のどうなつって珍しい。
　ドーナツじゃなくて、どうなつ。
　懐かしい感じがぴったり。

「揚げたてのいもてんを売ってる時もあるんですけど」
　それ食べてみたかった。残念。
　今度は、是非揚げたてを食べてみたいな。

深呼吸
体の中に、
ミントブルーの風が吹く。

すずや　黒松内町

寿都郡黒松内町字旭野 62 の 4

電話 0136-72-3581　　営業時間 9:00 ～日没売切れ迄（月火水休み）

「お土産に貰ってお店を知ったという人が、
わざわざ探して来てくれる。
お菓子には、そういう力があるんです」

道道523号線を車で走る。牧場や畑の中を走っていく。

店を探すのに、目印となる建物が何もない。

ちょっと不安になった頃､広い畑の中にぽつんとお店が現れた。

青い屋根。木造の平屋建てだ。

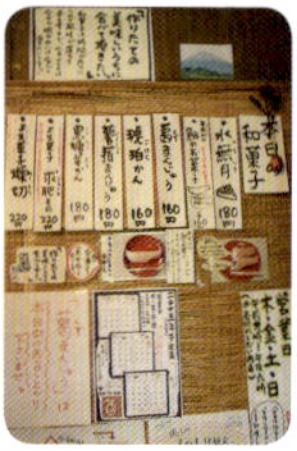

このお店は、鎌倉にある老舗の和菓子屋さんで修行したご主人が、空き家だった民家を利用して2008年にオープンした。

壁に貼られたお菓子の紹介は､奥さんの手作り。

ふたりとも自然が大好きで、移住者募集中の黒松内町の記事を読み、迷いなくこの地に住まいを移したそうだ。

　お重に並べられた「本日の和菓子」。

　お店の奥の工房で仕込み中のご主人の背中が見える。

　最初の３年間は、休みも取らず工房にこもりっきりだったという。

「こんな自然に恵まれた環境で、体調崩してちゃまずいな、と。だから、のんびりと細く長く無理しないでやっていこうと。今は、きっちり休みをとらせていただいています」

　帰り際に出会った、函館から来たご婦人もやはり、お土産でこの店のファンになったらしい。

　お菓子のチカラってすごい！

聖テレジア修道院　伊達市

伊達市乾町 14 の 2

電話 0142-25-5580

「お気軽にいらして下さい」

伊達に修道院!?

道の駅にある観光物産館で、修道院に美味しいクッキーが売られていると教えてもらった。

しかも、修道女の方達が生活している建物の中に、一般の人が入れる売店があるなんて!

カーナビを頼りに建物の前まで来てみたが、売店の案内はない。

入り口を何度も確かめるが、やはり正面の入り口しかなさそう。

中に入ってもいいのかな?

恐る恐るインターフォンを押す。

「クッキーを買いに来たんですが……」

「どうぞ、お入りください」

ドアが開き、普段着姿のにこやかな女性が出迎えてくれた。

玄関からすぐの所に小さな売店がある。
現在、16人の修道女の方達がここで生活しているそうだ。
細い廊下の両脇に部屋があるのが見える。
「よかったら礼拝堂も是非見て行ってください」
礼拝堂の扉を開けると花のいい香りが漂ってくる。
マリア様が描かれたステンドグラスからの光がとても綺麗。
隣の部屋からは、お祈りの声が聞こえてくる。

ここは修道院なんだな、と改めて思う。
売店には、書籍やクッキーが何種類かと、
ペンダントやブローチなどの宗教用品が並んでる。
クッキーは、ここの修道女さんの手作りだ。
この日は4種類だけだったけど、
全部で20種類ぐらいのバリエーションがあるらしい。
パッケージがレトロで可愛い。
クッキーを買いに来る人が結構多いのだそう。

虎屋菓子店　余市町

余市郡余市町大川町 4 の 87

電話 0135-22-2642　　営業時間 9:30 ～ 18:00（不定休）

「よその店で修行、というのが普通だけど、
私たちは父から習って、店を継いでいる。
その父も50年前に亡くなってしまったけど、
教えを守って日々精進してます」

工房では、職人さんが中華饅頭を作っているところだった。

お玉から生地を鉄板の上に流し込む。計ってもいないのに、同じ大きさの生地が焼きあがってる。その上に、餡を置き、素早く二つ折りにして形を整える。

すごい早さで、次々と中華饅頭が出来上がる。

同じ大きさ、同じ形!! 見とれてしまった。

80歳を過ぎたお兄さん二人が職人さん、妹さんが袋詰めや接客などをしている。

皆さん、とてもそんなお歳には見えない。

「虎屋さんでないと」というお客さんが町内にはたくさんいて、冠婚葬祭の度に注文が入る。

だから、基本お店はお正月の三が日しか休まない。

店を閉めていると、心配した常連さんから「今日は休みなの?」と電話が入るそう。

余市の観光名所といえば、ニッカウヰスキー蒸溜所。

ＮＨＫの朝ドラ「マッサン」で、観光客も一気に増えた。

町のあちこちにマッサンのポスターや、幟が立てられている。

人気のお土産「ウイスキー最中」は、町内のお菓子屋さん５店舗で売られている。

ウイスキーが入っている訳ではなく、最中の形がウイスキーの瓶の形をしている。

だから、子供が食べても大丈夫。

５店舗とも共通なのは、包装紙と最中の皮。

裏に書いてある成分表示も一緒。

餡は各店で練っているので、味や風味がそのお店によって違うらしい。

食べ比べてみるのも面白いかも。

お菓子のふじい　倶知安町

蛇田郡倶知安町北１条西３の４
電話 0136-22-0050　　営業時間 8:00 ～ 19:00（不定休）

「１時間以内に食べてください」

お店に入ると、甘い香りが出迎えてくれる。

カスタードパイと焼きたてシューは、注文してからクリームを入れるというこだわりだ。

クリームを入れて時間がたつと、サクサク、パリパリの食感がなくなるので１時間以内に食べて欲しいのだとか。

イートインスペースはないがここのお菓子を、お隣のコーヒーショップに持ち込んで食べることが出来るそう。

ニセコのチーズ、倶知安で採れたイチゴ、よもぎを使った「かさねわざ」。洋菓子に和のよもぎを使うのは珍しいな。20層に重なってる、繊細なバームクーヘンだ。

「美しさ、季節感を全面に出していくのが、日本の食の流れです」

「和の心」を大切に。細かい注文に応えたいと、ご主人がひとつひとつ手作りしている。店内は、季節感あふれる色彩豊かな和菓子たちで華やか。

波満屋　室蘭市

室蘭市知利別町 3 の 10 の 12

電話 0143-44-3996　営業時間 8:00 ～ 18:00（日曜定休）

「小売もしてます」

外壁に書かれた「松浦製麺製菓場」が目印。おせんべいは、ゴマ、ピーナツの２種類。
割りやすく工夫されているので、食べやすいあめせん。

松浦商店　長万部町

山越郡長万部町字長万部 15
電話 01377-2-2613　営業時間 8:00 ～ 17:00（日曜定休）

トンネルを抜けなければ、
たどりつけない場所がある。

多分、人生もそうなんだろうな。

こざわ
サッポロ
ビール
こざわ
サッポロ
ビール

末次商店　共和町

岩内郡共和町小沢 1724 の 4

電話 0135-72-1005　　営業時間 8:00 ～ 17:30（なくなり次第閉店、不定休）

「わざわざ小沢で降りなくていいから。
電話してくれれば、
ホームまで持ってってやるから」

列車の停車時間にお菓子を買う。そんな旅も楽しいだろうな。

JR札幌駅から普通列車に乗り、のんびり車窓からの景色を楽しんで、小沢駅で降りた。

ここには、是非来てみたかったお店がある。

駅から歩いて1分「トンネル餅」の幟が、目印だ。

近くのトンネルが開通した頃から作り始められた「すあま」に似たトンネル餅。

考案したのは、画家の西村計雄さんのお父さんだそうだ。

それを先代が引き継いで60年、トンネル餅が誕生してから100年以上になる。

昔からの作り方で、保存料は入っていない。

デパートのバイヤーから毎年のように物産展などの誘いもあるが、一切断っているため、ここでしか買えない。

全国各地からトンネル餅を買うためだけに、わざわざ小沢駅で降りて買いにくる人がいるそうだ。

紙の包みを開ける。

駅弁みたいな木の折。

蓋を開けると、お寿司のように行儀よく並んでる。

ふっくらとしていて、赤ちゃんの肌みたいにきめ細かい。

緑とピンクの線は、線路をイメージしているそう。

「できたてもいいけど、時間がたつと木の香りが移って、それもまた美味しいよ」

半分は食べて、残りの半分は列車の中で、優しい食感と香りをもう一度楽しもう。

今度は停車時間にホームで買ってみたいな。

やまぐち菓子舗　倶知安町

虻田郡倶知安町北４条西３の４
電話 0136-22-1603　　営業時間 8:00 ～ 19:00（不定休）

「昔ながらのお菓子ばっかりなんですけどね」

ニセコだんごと書かれた暖簾の下のショーケースには、
餡、ゴマ、醤油など定番の串団子の他、
熊笹、抹茶、コーヒー、きな粉など、珍しい串団子も並んでる。
そのお団子を紹介するイラスト付きのポップが可愛い。
「それ、娘が描いたんです」と職人の娘さん。
「お店は、ひとりじゃ出来ないから、家族三世代、全員が出来ることを手伝ってるんです」

今日の私のお目当ては、「雪だるま団子」だ。
二日くらい前に予約すると作ってもらえる。
裏から見ると普通の串団子。表には、顔があり、ピンクのマフラーを巻いてる。
確かに、雪だるま。確かに、串団子。
なるほど〜。
単純だけど、面白い。楽しい。可愛い。

くっちゃん雪だるまの会から、倶知安ならではのお菓子が作れないかと注文が来て、誕生したのがこの雪だるま団子だそう。

羊羹で描かれた雪だるまの顔のひとつひとつ、微妙に表情が違う。

見ているだけで思わず笑顔になってくる。

顔には、職人さんのこだわりがあるそうだ。

「絵は描いた人に似てるって言いますよね」

「どうかな〜似てるような気もしますけどね」

店舗のすぐ後ろが工房になっているらしく、作業をしている音が聞こえてくる。

似てるのかな。気になるな。

稲葉屋　神恵内村

古宇郡神恵内村大字神恵内村 15 の 2

電話 0135-76-5234　　営業時間 8:00 ～ 19:00（不定休）

「ここに来る前は、
餡好きじゃなかったんですよ」

積丹ブルーの海を眺め、夏の神恵内でウニ丼を満喫した後、町を散策する。

ん？　ここ、お店かなあ??

気になって入ってみた。

「お店の前を何往復もして、見つけられずに帰ったっていうお客さんもいらっしゃるんですよ」

確かに。車だと通り過ぎてただろうな。

２代目のご主人がひとりで作っているので、品揃えは季節というより日によって違う。

２代目の奥さんのオススメは、羊羹。

一般的に羊羹は生餡で練ってしまうけど、このお店では生餡にお饅頭の餡も加える。

餡は、井戸水を使い、小豆から機械を一切使わず餡を作る。

　絞る工程がないので美味しさがギュッと詰まった餡になるのだそう。
　餡にも段階があり、お菓子によって違うのだとか。
　以前、小豆の値段が高い年があった。
　その時、餡屋さんから特上の生餡を買って練って作ってみたのだそう。
「業務用の餡屋さんで、特上の上に特特餡っていうのがあるんですよ。特特でも、お客さんは餡変えたの、わかるんです。やっぱり、うちで作るのが一番だって」
　餡嫌いの奥さんが、好きになった餡。
　奥さんは、元々この店のお客さん。
「隣の村から買いに来て、たまたま結婚したから今ここにいるんですけどね」
　甘いご縁、うらやましいです。

松月堂木村菓子舗　積丹町

積丹郡積丹町大字美国町字船澗 99

電話 0135-44-2075　　営業時間 7:00 ～ 19:00（不定休）

「パッケージが素敵だから、
包装しないでっていう
お客さんもいらっしゃいます」

店舗は新しいが、創業70年の老舗だそう。
工房がガラス戸から見えるようになっている。
職人さんの凛とした立ち姿が美しい。

和菓子・洋菓子が並ぶ中、一推しの商品は、積丹で獲れた新鮮な甘エビを使ったえびしおサブレー。

地元を盛り上げようと、町内のみんなが味見をしたり、意見を出し合って作ったお菓子。

積丹ブルーをイメージした箱やお菓子を包む袋のデザインもみんなで考えたのだそうだ。

１枚から買えるけど、やっぱり箱入りが可愛いな。

「道産食材にこだわってます」

30種類ぐらいのお菓子を作ってる工場だが、小売もしてくれる。

人気は、醤油とゴマの串団子、共和町特産のスイカを煮詰めた「すいか糖」。

本間製菓　共和町

岩内郡共和町国富1の15

電話 0135-72-1046　　営業時間 8:00～17:00（日曜定休）

「修学旅行生がお土産に買いに来てくれます」

ビルの駐車場の中にある水飴屋さん。

「あめせん」、「水飴」と「あめせん用のおせんべい」が別々でも買える。

砂子製飴　函館市

函館市若松町 22 の 15

電話 0138-22-3526　　営業時間 8:00 ～ 20:00（年中無休）

セメント工場の
海上桟橋の見える海。
全長２㎞。
製品をベルトコンベヤーで船まで運んでる。
夕景も綺麗だろうな。

はるしの　七飯町

亀田郡七飯町大川６の１の３
電話 0138-64-4655　　営業時間 火～土 9:30 ～ 18:30、日・祝 9:30 ～ 18:00（月曜日休み）

「職人が商売人の真似してるような
　もんなんだけど、
　商売人は職人の真似はできないよね」

雑貨屋さんのように可愛く並べられている和菓子たち。

上生菓子は彩りよく、じっくり見てちょーだいとお菓子が語りかけてくるかのよう。

お菓子の中身がわかりやすいように、半分に切られていて、和菓子に詳しくない私でも、どんなお菓子かが一目でわかる。

迷う、じっくりと見れば見るほど、どれにしようか迷ってしまう。

どんどん和菓子好きになってるな、私。

ご主人と奥さんふたりでお店を始めて、15年。

七飯町を選んだのは、「知り合いがひとりもいないところでお店を一から始めたかったから」

顔見知りが多いところの方が、お店を開くならやりやすいだろうと思うけど、しがらみがなく、美味しいとか不味いって言ってもらえる場所が良かったそうだ。

「他のお菓子屋さんが見たらバカじゃないのっていうくらい良い豆を使ってる。原価計算とかしない！ しない！ 小さなお菓子屋が原価計算してたら生き残れない」

おふたりとも道内の老舗の和菓子店で修行した職人さん。

今は、ご主人がスケッチブックにお菓子のデザインを描いて、『見て楽しい、食べて美味しいお菓子』を作っている。

「私は助手です」と言う奥さんの姿が見えなくなると、

「奥さんが接客とか、お店のことをやってくれるから俺も出来るんだけどね」

ポツリとご主人。

そんないい関係が、このお店をより魅力的にしてるんだな。

若竹三色だんご本舗　函館市

函館市湯川町２の４の31

電話 0138-57-6245　　営業時間 9:00 ～ 12:00（予約販売のみ、木曜定休）

「良く頑張ったなあ。
これなら売り物になるべ。
90点…85点かなあ。
あとの点数はお客さんからもらえって
いうのが最後の言葉」

1905年創業。

昔は、函館市内のデパートに桜餅やうぐいす餅など季節のお菓子を卸していた。

でも、全国菓子博覧会で名誉金賞を受賞した三色だんごだけは、このお店でしか販売しなかったそうだ。

ご主人が病気で入院した時に、「これだけは、覚えておけ」と夕食後から消灯までの時間、病院を抜け出し、お店に戻って、おばあちゃんにだんごの作り方をいちから伝授したらしい。

「血豆ができるほど、しごかれたよ」

亡くなったご主人は、職人として大切にしていただんごと、浅草から嫁いで来てくれたおばあちゃんの居場所をちゃんと残していきたかったんだなあ、なんて勝手に思ってしまう。

だんごの甘さは上から下へ順に甘くなるようにしている。

白餡に黒ごまのトッピング、静岡の抹茶餡、そして十勝の小豆を使った餡の３色がだんごを包む。串は、四国の皮の付いていない孟宗竹の真ん中の部分だけを使ったもの。

確かに、とても香りが良い。これは、ご主人がこだわっていたものだ。

創業時から100年以上使われてきたヘラを見せてもらう。樫の木で作られたものだ。

「真鍮の鍋でグツグツ、火加減見ながらグツグツ、ヘラで掻き回してね」

当初は、丸かったヘラの先が平らになっている。

「みんなの汗が染み込んだヘラだから、簡単に捨てられない。

いつまで続けられるか、わかりませんけどねえ」

おばあちゃんの汗も染み込んだヘラ、次の使い手がいないのが寂しい。

花園正家　函館市

函館市港町 1 の 33 の 25

電話 0138-45-5828　　営業時間 9:00 〜 18:00（日曜定休）

「全部お菓子で作ってあるんですよ」

2011年に和菓子作りの名人として「現代の名工」に選ばれたのが、ここのご主人。

お店には、受賞した工芸菓子が飾られている。

全体の仕上がりを想像しながら、ひとつひとつの細かいパーツを組み合わせていくってすごいな。

あれ？　その隣のしだれ桜も、お菓子かな。

「そうなんですよ。ちょっと色がさめてきちゃってるんですけどね」

ケースにも入れず、普通に飾ってあったので本物のお花だと思った。

色のさめた感じも味わいがある。

お菓子作りの合間に、自分の身体と相談しながら、毎日コツコツと作られていたらしい。

上生菓子、串団子、大福、カステラ……東北地方のお菓子「くじらもち」も売ってる。

ここのお菓子は、上生菓子はもちろんべこ餅もつやつやと見た目まで美しい。

末廣軒　北斗市

北斗市中央２の１の３
電話 0138-73-3122　　営業時間 9:30 ～ 18:30（水曜定休）

「創業当時は、
セメント工場の入り口に
あったんです」

来る途中に見えた海上桟橋。

あの桟橋は、セメント工場から大型船へセメントを積み込むためのものだったのか。

創業昭和８年、初代がセメント袋をイメージして作ったという最中が、「セメントぶくろ」。

今でも作り続けられている人気の商品だ。

店内に貼られた白黒写真が、当時の活気を伝えてくれる。

開店３周年記念の餅まきのものだそう。

最近では、家を建てる時に餅まきする人も少なくなったけれど、北斗陣屋桜まつりでは今でも餅まきが行われるそうだ。

「3種類のゴマをブレンドしています」

人気は、香ばしい「やきだんご」とこだわりのゴマ串団子。

二色団子は、餡と白餡の中に求肥が入っている。

銀月　函館

函館市湯川町2の22の5

電話 0138-57-6504　　営業時間 8:30 ～ 18:00（不定休、日曜・月曜休みの場合あり）

「この地域では、田植えの時期にお餅を作っていたんです」

今では珍しくなった田植え餅が人気の老舗。草大福と豆大福の２種類がある。

夏の間は、お休みする期間限定の商品。

カネスン金丸菓子舗　北斗市

北斗市本町２の１の50

電話 0138-77-8305　　営業時間 8:30 ～ 19:30（日曜定休）

「茂辺地で100年ぐらいやってます」

お店近くの当別トラピスト修道院を模った最中「修道士」。

4代目が作るふわふわのロールケーキ。

菓匠 一福　北斗市

北斗市茂辺地2の5の54

電話 0138-75-2035　　営業時間 8:00～19:00（日曜定休）

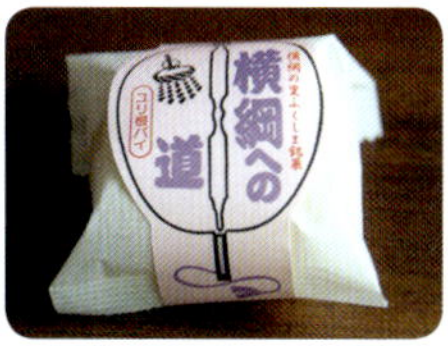

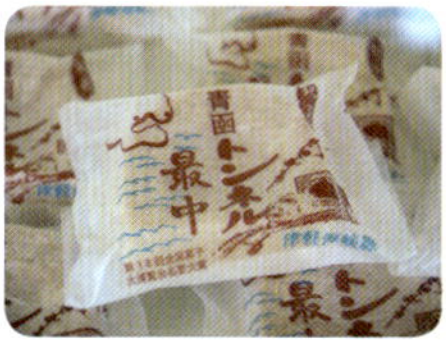

「福島町は、横綱がふたりも出ているんです」

その名もずばり「横綱への道」は、百合根を使った白餡のパイ。初期の寝台特急・北斗星がデザインされているレトロな包装紙に包まれたトンネル羊羹。

たつや菓子舗　福島町

松前郡福島町字吉岡 60

電話 0139-48-5038　　営業時間 8:30 ~ 19:30（日曜定休）

夜へと向かう

ひとつ

またひとつ

灯がともる。

甘味処おやき 函館

函館市日吉町 4 の 17 の 1

電話 0138-52-6593　　営業時間 10:00 ～ 18:00（不定休）

「お祭りがある夏の間は、店閉めてんだ。
今日も休もうと思ってたけど、
焼いたから開けるわ」

知らなかった!!　お休みなのに、焼いてもらっちゃった。

不定休だと聞いていたので、営業時間前だけど電話をしてみた。

今日は、営業しているのか尋ねると「おやき何個いるのさ、今から焼くから」と言ってくれたので、電話を切ってすぐお店にやって来たのだ。

「お祭りでもおかげさんで、みんな待っててくれるよ」

20個分の生地を流し込む粉つぎと呼ばれる道具を片手に持ち、熱くなった鉄板に生地を流し込みながらおばあちゃんは話す。

市内あちこちのお祭りで、おやきを焼いているそうだ。

お祭り用の鉄板は、お店より10個多い40個焼ける。

「焼くのは他の人には出来ないもん」

手伝いの人は4、5人いるけど、一日中焼くのはおばあちゃん。

「1度買いに来て、遊んで、おなかがすくからまた戻って買いに来る。2度も3度も同じ子が買いに来るよ」

夏の暑い日に、この鉄板の前は大変だろうな。

メニューは、あんとクリームの２種類。

一度に 30 個、40 個と買っていく人もいるそうだ。

おやき屋さんをやめる人から鉄板を譲ってもらい、40年前から自己流でお店を始めた。

生地の配合は独自で研究し、人気のおやきが誕生したのだ。

使い込まれた銅板は、今も現役。

「いっぱい火傷してるよ」

出来上がったおやきは、真ん中がふっくらしたドーム型、端っこの薄いところがパリパリしてる。

「元気の秘訣？　なんで元気かわかんない」

買いに来てくれる人がいる、おやきを楽しみにしている人がいる。

それが一番の元気の素なんだろうな。

榮餅　函館市

函館市栄町５の13

電話 0138-22-5482　　営業時間 月～土 7:00 ～ 19:00、日・祝 8:00 ～ 18:00（水曜定休）

「何も特別なことはしていません。
当たり前のことを、
当たり前にやっているだけです」

　金文字で書かれた看板。

　歴史を感じる佇まいに惹かれて、お店に入ってみた。

　ショーケースの後ろは工場、ガラス張りのオープンキッチンだ。

　四角くないきんつば。初めて見た。

　皮が薄く、丸くて、真ん中が少し盛り上がってる。

「これ、きんつばですか？」

「きんつばは、刀の鍔《つば》に似ているところからきているんです。

　だから、本来は丸いものなんです」

　ピンク色の大福。緑の豆が入っていて、中はゴマ餡。

　色は、紅花。緑の豆は、えんどう豆。

　紅花の色をつけてから、加熱していないから、この色が出せるんだとか。加熱すると色がさめてしまうそうだ。

「和菓子屋さんでこれほどオープンな工房は珍しいですよね？」

「そうかもしれませんね。

中、覗いてみますか？」

使いこまれた機材をひとつひとつ丁寧に説明していただく。

２台並ぶ業務用の餅つき機は、商品によって使い分けているらしい。

年代物の餅つき機の方は、ご主人が手で餅を返す作業をしている。

「リズムをとってやればいいんだけど、

今の若い子は怖がって手が出ない」

米を水切りするザルは、昔ながらの竹ザル。プラスチック製では、キレが悪いという。

餡は北海道産の小豆を炊き、醤油ダレは昆布から出汁を取り、ヨモギは４代目の店主自ら採りに行く。餅は、米から製粉する。添加物は一切使っていない。

当たり前のことを、当たり前に。

時代に合わせ、商品を変えながらも

1900年から続いている老舗の餅屋さんの自信がうかがえるひと言だ。

千秋庵総本家　函館市

函館市宝来町９の９
電話 0138-23-5131　　営業時間 9:00 ～ 18:00（月一回水曜定休）

「時代のニーズに合わせて、
味は変化しています」

市電に乗って、のんびりと車窓から町並みを眺めていると、
時の流れまでもゆっくりと感じる。
目的も持たず、ただ気ままに。
この感じがとても心地いい。

宝来町で降りてみる。
高田屋嘉兵衛像が見える坂道のところに、
目を惹かれるお店があった。
歴史の重さを語りかけてくるような木の看板には、
千秋庵総本店と書かれている。
木造の引き戸を開ける。
1860年創業。
この総本家が北海道で一番古い和菓子屋さんらしい。
当時は、もっと港の方にあったらしいが函館大火に遭い、
宝来町に移って来たという。
以前は、ここでお菓子も作っていたそう。

総本家とあるように、ここから独立して小樽千秋庵が、小樽千秋庵から独立して札幌千秋庵が、札幌千秋庵から独立して帯広千秋庵になった。

現在、千秋庵総本家は函館のみ。

「山親爺」は昭和初期に総本家で考案され、小樽千秋庵の職人に製法を伝授したそうだ。

今は、大きさや形も違っていて、同じ商品ではないらしい。

一番人気は、どらやき。

山親爺同様、昔からの定番商品だ。

入ってくるお客さんのほとんどが買い求めてゆく。

金の紋章が入ったパッケージに老舗の誇りを感じる。

どらやきを片手に、気ままな散策の続きをしよう。

末廣庵　木古内町

上磯郡木古内町本町 237

電話 01392-2-2069　　営業時間 月～土 8:00 ～ 18:00（元旦のみ定休）

「木古内といえば、みそぎ祭りでしょうかね」

木古内。函館から特急で 40 分。函館までは来たことがあるけれど、なかなか来る機会がなかった。

来る機会がなかったというのは、正しくないな。

町のこと自体、よく知らなかった。

北海道新幹線が停まる町として、一躍脚光を浴び、私の中の行ってみたい町リストの上位に躍り出たのだ。

駅前通りを 2、3 分歩くと、酒屋さんの「みそぎの舞」という大きな幟が目に入る。

木古内産のお米を使った純米酒で、町内限定だそうだ。

そのお酒を使ったお菓子が、すぐ裏のお菓子屋さんにあると教えてもらった。

それが、木古内で 80年以上続く老舗、末廣庵だ。

木古内の坊という伝説をもとに、創業当時から作られている代表的なお菓子「孝行羊羹」「孝行餅」。羊羹は珍しい白餡の羊羹、孝行餅は醤油風味の餅菓子。両方とも、くるみが入っている。あった！　みそぎの舞を使った「酒ゼリー」、和風カステラ風の「みそぎの舞」。

創業まもなくから作られている「みそぎ」という定番のお菓子もある。

寒中みそぎ祭りは、1831年から続く木古内の伝統行事。毎年１月、行修者と呼ばれる４人の若者が、佐女川神社にこもり、昼夜問わず何度も冷水をかぶり、厳寒の海に入り豊漁豊作を祈願するというもの。行修者は、３日間続くこの行事を、４年間続けるそうだ。

想像を超える厳しい修行。

「４年間続けるというのが親御さんからしてもせつないらしいです。でも、１年２年とどんどん顔つきが変わってくるんです。昔の行修者の方もお祭りを手伝いにいらして、伝統をつないでいらっしゃいます。本当に素晴らしいですよ」

お祭りを見に、冬の木古内にも来てみたい。

松前城。

北海道唯一のお城。

藩主や侍たちが江戸から持ち帰ったり、

藩主の奥方たちがふるさとを偲んで

植えた桜の木々。

この桜をどんな気持ちで、

眺めていたんだろう。

北洋堂　松前町

松前郡松前町松城 64

電話 0139-42-2058　　営業時間 8:30 ～ 18:00（木曜定休）

「創業は昭和12年としているんですが、
それ以前の記録は大火で焼失してしまったんです。
記録が途切れてしまったのが残念で……」

松前町で一番古いお菓子屋さん。

和菓子、洋菓子、種類が豊富だ。

お店の所々に、代々受け継がれている味わいある骨董品が飾られている。

昔は、火事が非常に多く、火事の時にお金を持って逃げるための背負い金庫などがある家もあったそうだ。

昭和24年の大火では、飛び火により松前城の本丸御門以外は焼失してしまった。

このお店でも、日々大切に書き留められた記録を失ってしまう。

その後先代の日記が20年分残されているが、自分も残していかなければと

日々の記録をパソコンで書き、今ではクラウドに保管しているそうだ。

先先代が作った「うばたま」、先代が作った「お城最中」「するめせんべい」「海苔羊羹」、現在の３代目の作った「さくら美人」。

先代が遺してくれたものを大切に、また新しい歴史を家族で作っていこうとしているって素敵だな。中でも、「うばたま」は一番人気だそう。鼻をつまんだようなユニークな形をしてる。作り方は、先先代からのレシピをほとんど変えてない。求肥を少し甘さの強いこし餡で包み、落雁のそぼろをまぶしたお菓子。

松前は、その当時イカ漁が最盛期だったそうだ。甘さが強いのは、漁の疲れを癒すために甘いものが好まれたためらしい。

松前のべこ餅に、餡が入っているのは、そのせいなのかな。

10月には自分の山で栗が採れるので、
栗のお菓子を期間限定で売っているそうだ。
栗の実がなった年だけのお楽しみらしい。
今年はどうかな？
桜だけじゃなく、栗の季節も楽しみだな。

五勝手屋本舗　江差町

桧山郡江差町字本町 38

電話 0139-52-0022　　営業時間 8:00 ～ 19:00（年中無休・元旦除く）

「店舗は、ここだけです。
あくまで江差町を中心に考えて、
自分たちの目の届く範囲でやってます」

五勝手屋羊羹と言えば、丸缶で糸で切って食べる羊羹。

デパートなどで、よく見かけていた。

本店以外にも道内にたくさん支店があると思っていた私は、びっくり。

デパートで販売している羊羹も、本店から直送する徹底ぶりだ。

普通の和菓子屋さんのように上生菓子、最中、大福など、たくさんのお菓子が並んでいる。

羊羹しか売っていない、丸缶羊羹一筋みたいに思ってた私。

羊羹ができた時を創業としているが、その前から和菓子は作っていたそうだ。

1983年に改装した現在の店舗だが、昔からの大黒柱は1870年創業当時から145年、今もお店を支え続けている。

「うちの羊羹の餡に関しては、飴色を通り越して、黒くなるまで練り上げるというのが伝統です。京都の方には焦げた餡と言われるんですが、他とは違う独自性があります。好き嫌いはあると思いますが」

50年以上餡を練り続けている職人さんがふたりもいらっしゃるそうだ。

「まだ、大福あるかい?」入ってくるなり尋ねるお客さん。

常連さんだろうな。大福を何個も注文してる。

お土産かな。

俄然、私も食べてみたくなる。

古代米を使った古代大福、豆大福。

「ひとつずつ下さい!」

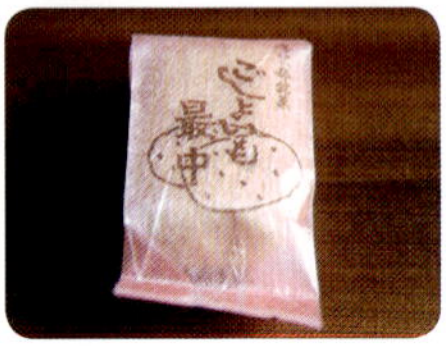

「メークインと黒豆、厚沢部町の特産を使ってます」

黒豆のロールケーキ、黒豆プリン。

メークインどら焼きには、白餡にメークインが練り込んである。

厚沢部菓子工房 くらや　厚沢部町

檜山郡厚沢部町本町 90 の 2

電話 0139-64-3103　営業時間 8:00 ～ 19:30（日曜定休）

「百合根の100%の餡です」

乙部町の特産品、百合根を贅沢に使った百合根のパイとゆり最中。

パイには蜂蜜に漬けた百合根も使われている。

富貴堂　乙部町

爾志郡乙部町緑町 131

電話 0139-62-2024　　営業時間 8:00 ～ 19:00（日曜定休）

「親子熊岩、ぜひ見て行ってください」

親熊が小熊に手を差しのべている様に見える親子熊岩は、せたなの名所になっている。その名がついた「親子熊羊羹」。形もちと呼ばれる花形のお菓子が、カラフルで目を惹く。

中栄菓子舗　せたな町

久遠郡せたな町大成区都 237

電話 01398-4-5070　営業時間 8:30 ～ 20:00（日曜定休）

「白餡も手作りしてます」

地元の食材を使ったこだわりプリンが人気。味はプレーン、ごま、パンプキンの3種類。白あんどら焼きは、豆がほんのり香る自家製餡。

ちとせ桜井商店　せたな町

久遠郡せたな町瀬棚区本町 477 の 1

電話 0137-87-3138　　営業時間 8:00 ～ 19:00（不定休）

「小樽で100年以上続く餅屋です」

お正月でなくても、のし餅が並んでいる。人気は大福、串団子。

白・ピンク・緑、３種類のすあま。

菊原餅菓商　小樽市

小樽市奥沢１の17の４

電話 0134-22-6860　　営業時間 8:00 ～ 17:00（日曜定休）

「合成着色料・保存料・防腐剤など一切使っていません」

砂糖と香料だけで作った見た目も美しい飴玉。

水晶あめだけで、100年以上続く老舗。

澤の露本舗　小樽市

小樽市花園１の４の25

電話 0134-22-1428　　営業時間 11:00～18:00（第一日曜定休）

「大正時代から続けています」

木造の建物もトタンの看板も長い歴史を物語っている。

人気の草もちと豆大福は、夕方には売り切れになることも。

ツルヤ餅菓子舗　小樽市

小樽市花園３の16の３

電話 0134-22-2609　　営業時間 8:30～19:00（なくなり次第閉店、水曜定休）

「ここで作ってます」

大正７年創業の手作り飴屋さん。名物「雪たん飴」は職人さんが鋏で手切りしているそう。外に出ている木製の屋台のお店は、小樽の観光スポットにもなっている。

飴屋六兵衛本舗飴谷製菓　小樽市

小樽市色内２の４の 23
電話 0134-22-8690　　営業時間 9:00 ～ 16:00（日曜・祝日定休）

視点を変える。
気持ちを変える。
そこから
何が見えるんだろう。

雷除しん古　小樽市

小樽市若松 1 の 5 の 13

電話 0134-22-5516　　営業時間 7:30 ～売切れ迄（日曜定休）

「ここの美味しいよお～最高だよ。
小さい頃母さんに連れて来てもらってから、
もう60年は通ってるよ」

雷除しん古は、小樽で一番古いお餅屋さんだそうだ。

そして、開いているところを見たことがないと噂されるお店だ。

朝7時半にお店に着くと、先客のおじさんがいっぱい大福を注文しているところだった。

「味は、変わってねえ、変わってねえ。

ここのは、値段もいいけど重みが違う。中のあんこもいいんだよ」

初めて来たという私に、おじさんが色々教えてくれる。

「お勧めは、ありますか？」

「ここのは、全部うまいよ。豆餅の豆もいいんだわ〜。ねっ？」

店員さんは、忙しく手を動かしながら、

「ありがとうございます」とにっこり。

「ここは、すぐ売り切れるんだ。10時に来たらないよね。

決まった分しか、作らないんだもん」

「10時くらいまでは開けるようにしているんですけど」
でも、9時には売り切れてしまうこともあるそうだ。

大福は、白、赤、ゴマ、豆、よもぎの５種類。
赤は、食紅で色をつけているそう。
おじさんのいう通り、ずっしりと存在感がある。
どれにしようかな？
次々とお客さんが狭い店内に入ってくる。
この時間にこんなに買いに来る人がいるんだ。
売り切れる前に、この店の前を通るのは確かに難しいね。

和菓子処 つくし牧田　小樽市

小樽市花園５の７の２
電話 0134-27-0813　　営業時間 9:00 ～ 17:00（日曜日、１月１日定休）

「和菓子ケーキは、練り切りで作ってます」

お店に入った途端、テンションが上がる。

色とりどりの可愛いお菓子がいっぱいだ。

季節の干菓子が、5種類10個の小さなパックでも売っている。

このサイズが嬉しい。

よく見ると、パックによって入ってるものがちょっと違う。

「こっちにこれが入ってたらな～」

しばらく悩んでいると、

「好きな組み合わせにしますよ」と、店員さんが声をかけてくれた。

お言葉に甘えて選ばせていただくことにしたが、気がつけば15分も悩んでしまっていた。

値段も手頃なので、大好きな雑貨屋さんにいる感覚。

干菓子は、お茶会に出されることが多いので、お茶の先生からのリクエストもあるそうだ。

和生菓子も正統派から、小樽のマスコット「運がっぱ」や熊、果物を形作ったものまでバラエティー豊富。

見ているだけで楽しい。

小さな頃から、こんな楽しい和菓子があったら、もっと早くに和菓子好きになっていたかも。

最後まで「運がっぱ」と迷うが、なでしこと桔梗に決めた。

お菓子を眺めながら、お店でいただくことに。

和菓子ケーキなんてあるんだ。

気になるな。

「卵や乳製品のアレルギーをお持ちのお子様のお誕生日に、注文されるお客様もいらっしゃいます」

一週間ぐらい前までに予約が必要だそうだ。

お誕生日のサプライズに、誰かにプレゼントするのもいいかも。

新倉屋総本舗　小樽市

小樽市築港５の１

電話 0134-32-1133　　営業時間 8:30 ～ 20:00（年中無休）

「餡つけは、全員出来ますよ」

小樽の花園で創業し、120年続いているお店。

花園本店から工場だけを小樽築港に移し、その隣に総本舗がある。

駐車場も店内も広々。

新倉屋というと「花園だんご」。

串に刺さった白いお団子の上にすごいスピードで餡がのせられている。

へえー、ここで餡をのせてるんだ。

形が、綺麗な山形になってる。

この餡のつけ方は、受け継がれているそう。

しかも、店員さん全員が練習して、誰でも出来るって。

さらりと言われたが、それってすごいことだよね。

黒あん、白あん、抹茶あん、胡麻、醤油の５種類。
人気は、ゴマと醤油だそう。

「花園だんごは、本日中にお召し上がりください」
せっかくだから、作りたてをイートインコーナーでいただいていこう。
「ゴマが、たっぷり!!」
「もう少し足しましょうか？」
いえ、十分です。心の声が思わず出ちゃった。
ゴマ団子のお持ち帰りの場合、ゴマを別につけてくれるらしい。
ゴマって、かけたすぐの風味が違うもんね。
嬉しい心遣い。
毎月のお菓子も種類がたくさんあって気になるな。

開福餅　小樽市

小樽市錦町 21 の 9

電話 0134-23-1729　　営業時間 8:00 ～ 17:30（水曜定休・祝日の場合営業）

「昔はべこ餅は、
子供の節句の時期だけ作ってたんだよ」

へえ、この辺はかしわ餅じゃなくべこ餅だったんだ。
お客さんの要望で、年中作るようになったそう。

ここは、べこ餅好きの上司が教えてくれたお店だ。
ガラス戸は木枠の引き戸、開けるとすぐショーケース。まさに対面販売。映画のセットみたいな、レトロで可愛らしいお店だ。
今はお店もまばらな通りだが、昔はとてもにぎやかな商店街で、お彼岸になると、お客さんが長い行列を作ったそうだ。

「お客さんが、ちゃんと並ばなきゃダメだって言ってくれてさ」

昭和13年に初代が始めたお餅屋さん。

2代目が東京でサラリーマンをしていた時に初代が病いに倒れ、26歳で小樽に戻り店を継いだ。

「小さい頃から見てるんで、特別に修行はしていない。餅をつくところだけは、危ないんで教えてもらったけど、あとは見て覚えた」

小さい頃は、店を継がないつもりでいたそうだ。

「東京でこれからって時だったけどね。ほっとけないっしょ」

すごい決心だっただろうな。

まず目に入ったのは、しそ大福。

少し赤紫っぽくって、お店の名前が焼印されてる。

これ、食べてみたいな。

そして、べこ餅。

ここのべこ餅は、どっしりとしていて黒糖一色だ。

小樽以外からも注文が入るらしい。

べこ餅は、外せないな。

すあま、豆大福、串団子……。

季節によって、桜餅やうぐいす餅も並ぶそう。

　お菓子ひとつひとつに物語があり、ひとつのお菓子から始まる物語もある。

　江戸時代、松前藩では参覲交代する際、お菓子をお土産にしていたそうだ。道南の、北海道のお菓子の文化は、そこまで遡る。日本各地から松前、函館に移住してきた人たちが、様々な食文化や習慣を運んで来た。北前船が、本州から松前、江差、函館などの港に酒、塩、米などの食料を売りに来た。これも、お菓子作りに大きく貢献したようだ。

　北海道の開拓とともに、お菓子作りは全道に広がり、その地域ならではのお菓子が各地で誕生していった。べこ餅がきっかけだった道南お菓子旅は、北海道の歴史をたどる旅でもあった。

　御神体を抱えた４人の青年が、真冬の海に入って行く。氷点下の気温の中、大勢の人が見守っている。お菓子屋さんで教えてもらった「寒中みそぎ祭り」を見に、木古内にやってきた。夏に訪れた時には、建設中だった道の駅はオープンし、新幹線を迎える立派な駅舎も完成していた。

　ここからまた、どんな出会いの物語が生まれるのだろう。

　北前船の経路をなぞるように。

函館

甘味処おやき	函館市日吉町４の17の１ 電話 0138-52-6593	82 p
銀月	函館市湯川町２の22の５ 電話 0138-57-6504	76 p
栄餅	函館市栄町５の13 電話 0138-22-5482	86 p
砂子製飴	函館市若松町22の15 電話 0138-22-3526	61 p
千秋庵総本家	函館市宝来町９の９ 電話 0138-23-5131	90 p
花園正家	函館市港町１の33の25 電話 0138-45-5828	72 p
若竹三色だんご本舗	函館市湯川町２の４の31 電話 0138-57-6245	68 p

北斗・七飯・木古内

菓匠 一福	北斗市茂辺地２の５の54 電話 0138-75-2035	78 p
カネスン金丸菓子舗	北斗市本町２の１の50 電話 0138-77-8305	77 p
末廣庵	上磯郡木古内町本町237 電話 01392-2-2069	94 p
末廣軒	北斗市中央２の１の３ 電話 0138-73-3122	74 p
はるしの	亀田郡七飯町大川６の１の３ 電話 0138-64-4655	64 p

江差・松前・福島

五勝手屋本舗	桧山郡江差町字本町 38 電話 0139-52-0022	104 p
たつや菓子舗	松前郡福島町字吉岡 60 電話 0139-48-5038	79 p
北洋堂	松前郡松前町松城 64 電話 0139-42-2058	100 p

せたな・長万部

ちとせ桜井商店	久遠郡せたな町瀬棚区本町 477 の 1 電話 0137-87-3138	111 p
中栄菓子舗	久遠郡せたな町大成区都 237 電話 01398-4-5070	110 p
松浦商店	山越郡長万部町字長万部 15 電話 01377-2-2613	43 p

乙部・厚沢部

厚沢部菓子工房 くらや	檜山郡厚沢部町本町 90 の 2 電話 0139-64-3103	108 p
富貴堂	爾志郡乙部町緑町 131 電話 0139-62-2024	109 p

黒松内

すずや	寿都郡黒松内町字旭野62の4 電話 0136-72-3581	28 p

余市・積丹・神恵内

稲葉屋	古宇郡神恵内村大字神恵内村15の2 電話 0135-76-5234	54 p
松月堂木村菓子舗	積丹郡積丹町大字美国町字船澗99 電話 0135-44-2075	58 p
虎屋菓子店	余市郡余市町大川町4の87 電話 0135-22-2642	36 p

小樽

飴屋六兵衛本舗飴谷製菓	小樽市色内2の4の23 電話 0134-22-8690	115 p
開福餅	小樽市錦町21の9 電話 0134-23-1729	130 p
雷除しん古	小樽市若松1の5の13 電話 0134-22-5516	118 p
菊原餅菓商	小樽市奥沢1の17の4 電話 0134-22-6860	112 p
澤の露本舗	小樽市花園1の4の25 電話 0134-22-1428	113 p
ツルヤ餅菓子舗	小樽市花園3の16の3 電話 0134-22-2609	114 p
新倉屋総本舗	小樽市築港5の1 電話 0134-32-1133	126 p
和菓子処 つくし牧田	小樽市花園5の7の2 電話 0134-27-0813	122 p

倶知安・共和

お菓子のふじい	虻田郡倶知安町北1条西３の４ 電話 0136-22-0050	40 p
末次商店	岩内郡共和町小沢 1724 の 4 電話 0135-72-1005	46 p
本間製菓	岩内郡共和町国富 1 の 15 電話 0135-72-1046	60 p
やまぐち菓子舗	虻田郡倶知安町北4条西3の4 電話 0136-22-1603	50 p

室蘭・伊達・登別

稲嘉屋	室蘭市日の出町 3 の 4 の 1 電話 0143-43-1956	18 p
お菓子の竹屋	室蘭市御崎町 2 の 14 の 4 電話 0143-22-3381	10 p
お菓子の富留屋	室蘭市中央町 2 の 9 の 4 電話 0143-22-5455	14 p
聖テレジア修道院	伊達市乾町 14 の 2 電話 0142-25-5580	32 p
波満屋	室蘭市知利別町 3 の 10 の 12 電話 0143-44-3996	42 p
わかさ屋菓子舗	登別市富士町 1 の 3 の 1 電話 0143-85-2670	22 p

tacaë (たかえ)

フォトエッセイスト

「日常の中の小さな物語」をテーマに、札幌を拠点に活動。

http://tacae-photo.jimdo.com

文・写真　tacaë

コーディネーター　五十嵐宏子

会いに行く味

道南地方のお菓子をめぐる出会いの旅

2016年3月30日 発行

著　者	tacaë
発行者	斉藤隆幸
発行所	エイチエス株式会社　www.hs-prj.jp
	札幌市中央区北2条西20丁目1-12佐々木ビル
	TEL.011-792-7130　FAX.011-613-3700
印　刷	株式会社総北海
製　本	石田製本株式会社

ISBN978-4-903707-67-9